Tanja Aust

# Ein Zufallsexperiment mit zwei Würfeln – Bestimmung der Häufigkeitsverteilung der Augensumme zweier Würfel

**Unterrichtsentwurf im Fach Mathematik in Klasse 2**

GRIN Verlag

**Bibliografische Information der Deutschen Nationalbibliothek:**

Die Deutsche Bibliothek verzeichnet diese Publikation in der Deutschen National-
bibliografie; detaillierte bibliografische Daten sind im Internet über http://dnb.d-
nb.de/ abrufbar.

Dieses Werk sowie alle darin enthaltenen einzelnen Beiträge und Abbildungen
sind urheberrechtlich geschützt. Jede Verwertung, die nicht ausdrücklich vom
Urheberrechtsschutz zugelassen ist, bedarf der vorherigen Zustimmung des Verla-
ges. Das gilt insbesondere für Vervielfältigungen, Bearbeitungen, Übersetzungen,
Mikroverfilmungen, Auswertungen durch Datenbanken und für die Einspeicherung
und Verarbeitung in elektronische Systeme. Alle Rechte, auch die des auszugsweisen
Nachdrucks, der fotomechanischen Wiedergabe (einschließlich Mikrokopie) sowie
der Auswertung durch Datenbanken oder ähnliche Einrichtungen, vorbehalten.

**Impressum:**

Copyright © 2010 GRIN Verlag GmbH
Druck und Bindung: Books on Demand GmbH, Norderstedt Germany
ISBN: 978-3-656-08883-7

**Dieses Buch bei GRIN:**

http://www.grin.com/de/e-book/182562/ein-zufallsexperiment-mit-zwei-wuerfeln-
bestimmung-der-haeufigkeitsverteilung

**GRIN - Your knowledge has value**

Der GRIN Verlag publiziert seit 1998 wissenschaftliche Arbeiten von Studenten, Hochschullehrern und anderen Akademikern als eBook und gedrucktes Buch. Die Verlagswebsite www.grin.com ist die ideale Plattform zur Veröffentlichung von Hausarbeiten, Abschlussarbeiten, wissenschaftlichen Aufsätzen, Dissertationen und Fachbüchern.

**Besuchen Sie uns im Internet:**

http://www.grin.com/

http://www.facebook.com/grincom

http://www.twitter.com/grin_com

Unterrichtsentwurf zum Thema

# Ein Zufallsexperiment mit zwei Würfeln
# – Bestimmung der Häufigkeitsverteilung der
# Augensumme zweier Würfel

**Lehreranwärterin:**   Tanja Aust

**Mentorin:**

**Lehrbeauftragte:**

**Schule:**

**Klasse:**   2

**Fach:**   Mathematik

**Datum:**

# Inhaltsverzeichnis

# 1. Zur Ausgangslage des Unterrichts

## 1.1. Institutionelle Bedingungen

Die Grundschule liegt ... Der Ausländeranteil im Einzugsgebiet ... ist recht gering, weshalb kaum Schüler mit Migrationshintergrund die Grundschule besuchen.

Die reine Grundschule ist zwei- bzw. dreizügig und hat insgesamt ... Schüler[1], die von ... Lehrkräften in 10 Klassen unterrichtet werden.

## 1.2. Zur Situation der Klasse

Die Klasse 2 besteht aus 21 Schülern, die sich aus 11 Mädchen und 10 Jungen zusammensetzen.

Bis auf wenige Ausnahmen zeigen sich die Schüler, unabhängig der Inhalte, motiviert und engagiert. Die vereinbarten Regeln werden zumeist eingehalten.

In der Klasse herrscht ein lebendiges Unterrichtsklima. Das Sozialverhalten der Klasse ist grundsätzlich positiv geprägt. Demokratische und soziale Verhaltensweisen, wie zum Beispiel gegenseitige Rücksichtnahme, Hilfestellung und Gruppenbewusstsein sind in großem Maße vorhanden. Die Kinder gehen hilfsbereit miteinander um und sind bei Gruppen- oder Partnerarbeit meist in der Lage eigenständig und ohne Streitereien ihre jeweilige Gruppe zu organisieren und kooperativ zusammenzuarbeiten. Gleichzeitig lernen die Kinder durch die Sitzeinteilung an den Gruppentischen sich in einer Gruppe einzufügen und haben außerdem die Möglichkeit, aufgrund der regelmäßigen Sitzordnung, mit allen Kindern in Kontakt zu kommen. Es gibt keinen Schüler, der von den anderen ausgegrenzt oder auffällig geärgert wird. Alle werden in das soziale System mit einbezogen. Die Schüler haben gelernt sich gegenseitig anzunehmen, selbst die „Problemkinder" sind in die Klassengemeinschaft integriert und akzeptiert.

Allerdings gibt es in der Klasse auch durchaus lebhafte Kinder, die zeitweise durch unangemessenes Verhalten auffallen und den Stundenverlauf dadurch beeinträchtigen.

Die Schüler sind mit den Arbeitsformen des Stationsbetriebs und des Stationslernens vertraut und durch die regelmäßige Arbeit mit Laufzetteln im Mathematikunterricht sind auch Freiarbeitsphasen bekannt. Die Arbeit mit Laufzetteln ist gut eingeübt und für die meisten Schüler problemlos.

---

[1] Aus Gründen der Vereinfachung wird im vorliegenden Unterrichtsentwurf stellvertretend für den weiblichen und männlichen Plural die maskuline Form verwendet. Der Begriff ‚Schüler' ist demnach geschlechtsunspezifisch zu verstehen und beinhaltet keinerlei Wertung.

Lange Konzentrationsphasen bei Formen des Frontalunterrichts oder bei langen Phasen im Stuhlkreis sind in dieser Klasse allerdings nicht immer erfolgreich, da die Schüler sehr schnell unaufmerksam und unruhig werden. Auch bei langen Stillarbeitsphasen müssen die Schüler immer wieder zur Ruhe ermahnt werden.

## 1.3. Lern- und Leistungssituation der Klasse

In der Klasse 2 lässt sich in sehr gemischtes Interesse am Mathematikunterricht feststellen. Der Großteil der Schüler zeigt jedoch großen Eifer, viel Freude und Ehrgeiz im Mathematikunterricht, sowie ein großes Spektrum an Sach-, Selbst- und Sozialkompetenz, was sich insbesondere darin zeigt, dass Anregungen angenommen und individuell umgesetzt werden. Besonders beliebt sind Matheübungen, die spielerisch, meist in Gruppen- oder Partnerarbeit, umgesetzt werden. Auch bei offenen Unterrichtsangeboten zeigen die Schüler Motivation und Engagement, versehen die Inhalte mit Ideenvielfalt, erkunden und entdecken eigene Lösungen.

Hinsichtlich des mathematischen Niveaus weisen die Kinder der Klasse 2 unterschiedliche Ausprägungen auf. Im Gesamtbild beurteile ich – soweit mir dies bis hierhin möglich ist – die mathematischen Fähigkeiten der Klasse als recht gut. Die meisten Schüler besitzen gute Rechenfähigkeiten, kreatives Denken und eine schnelle Auffassungsgabe. Insgesamt erfahre ich die Mitarbeit der Schüler als aufgeschlossen und interessiert.

Einige Schüler fallen im Mathematikunterricht aber insbesondere durch starke Defizite im Bereich des Rechnens und im Begreifen und Anwenden neuer Inhalte auf. Dies lässt sich besonders in den Freiarbeitsphasen des Unterrichts beobachten. Zu diesen leistungsschwächeren Schülern gehört in erster Linie …. Es fällt ihm schwer, Arbeitsaufträge zu verstehen und diese auszuführen, wodurch er erheblich mehr Bearbeitungszeit und Hilfe als die anderen Schüler der Klasse benötigt. Zumeist ist er überfordert, weshalb er schnell die Lust und das Interesse am Unterrichtsgegenstand verliert. Wie ich erfahren habe, wird Justin das zweite Schuljahr wiederholen müssen.

Zu den begabten Schülern gehört neben einigen anderen (siehe unten) …. Anders als …, ist … deshalb häufig unterfordert und dadurch gelangweilt. Er fällt so regelmäßig durch Störungen im Unterricht auf, redet herein, nimmt Lösungen vorweg und lenkt andere Schüler ab. Zu den leistungsstarken Schülern gehören weiterhin …. Sie benötigen häufig weiterführende, differenzierte Übungsaufgaben.

Ich sehe meine Aufgabe in erster Linie darin, durch differenzierte Arbeitsanweisungen und Hilfen auf die Leistungsunterschiede der Kinder einzugehen, so dass sich alle Kinder gleichermaßen am Unterricht beteiligen können.

Abhängig von der mathematischen Begabung und von den außerschulischen Vorerfahrungen der Schüler sind die im Rahmen dieser Unterrichtsstunde grundlegenden mathematischen Fähigkeiten und Fertigkeiten – wie etwa das Problemlösen, das Argumentieren, das Kommunizieren sowie das Darstellen – vermutlich ebenfalls sehr unterschiedlich ausgeprägt. Inhaltlich greift die Unterrichtsstunde zudem die Kenntnisse der Schüler zu Zerlegungs- und Tauschaufgabe aus der 1. Klasse auf.

In der vorangegangen Stunde haben die Schüler durch Würfeltätigkeiten mit einem Würfel bereits erste Erfahrungen zur Untersuchung von Wahrscheinlichkeiten gemacht und dabei das Anfertigen und Auswerten von Strichlisten kennen gelernt. Zudem wurden die wichtigsten Begriffe zur Verständigung über Fragen der Wahrscheinlichkeit eingeführt: „Zufall" und „Chance", „wahrscheinlich" und „unwahrscheinlich", „möglich" und „unmöglich" sowie „sicher". Bei diesem Zufallsexperiment konnten die Schüler feststellen, dass beim Werfen mit einem „fairen" Würfel eine Gleichverteilung der Wahrscheinlichkeiten vorliegt und somit jede Augenzahl bei jedem Wurf die gleiche Chance hat, geworfen zu werden.

## 1.4. Unterrichtsorganisatorische Aspekte

Das Klassenzimmer der Klasse 2a befindet sich im Hauptgebäude. Die Tische sind zu fünf Gruppentischen zusammengestellt, an denen jeweils vier, einmal drei Schüler sitzen. Zwei Schülerinnen sitzen gemeinsam an einem Einzeltisch. Die Sitzordnung wechselt jeweils nach den Schulferien, sodass die Zusammensetzung der Schüler an den Gruppentischen stets variiert.

Die Mathematikstunde, in der der Unterrichtsbesuch stattfindet, liegt in der dritten Stunde direkt im Anschluss an die große Pause, so dass die Möglichkeit besteht, für die Besuchsstunde im Klassenzimmer für die Schüler unbemerkt schon einiges vorzubereiten. So werde ich bereits den Stuhlkreis aufstellen, mit bzw. in dem ich die heutige Stunde beginne und auch schon die später benötigte Zahlenleiste an der Tafel anbringen, um den Schülern so letztlich mehr Zeit für die wichtige Erarbeitungsphase einräumen zu können.

## 2. Überlegungen und Entscheidungen zum Unterrichtsgegenstand

## 2.1. Klärung der Sache

Die Inhalte der Wahrscheinlichkeitsrechnung sind eng verbunden mit der Kombinatorik. Zusammen mit dieser und der mathematischen Statistik bildet sie das mathematische Teilgebiet der Stochastik („Kunst des vernünftigen Vermutens").

Die Inhalte der Wahrscheinlichkeitsrechnung bieten ebenso wie die der Kombinatorik viele Möglichkeiten des handelnden Entdeckens von mathematischen Beziehungen.

Im Bereich der Wahrscheinlichkeitsrechnung unterscheidet man mathematisch die folgenden Begriffe: Beim Werfen von zwei Spielwürfeln liegen die Augensummen zwischen 2 und 12. Würfelt man einmal, dann führt man ein Zufallsexperiment durch, da der Ausgang dieses Zufallsversuchs nicht vorhersagbar ist. Das Ergebnis eines Zufallsexperimentes wird Ausfall oder Ausgang genannt (z.B. eine 5). Beim Würfeln mit zwei Würfeln sind elf verschiedene Ausfälle möglich. Die Menge dieser Ausfälle heißt Ergebnisraum. [2]

Die Würfelergebnisse 2 und 12 kommen dabei nur recht selten vor, die Augensumme 7 wird dagegen am häufigsten erreicht. Oder anders ausgedrückt: Die Augensummen 7 und 8 haben eine größere Chance, gewürfelt zu werden als die Augensummen 2 oder 12.

Von 2 nach 7 steigt die Häufigkeit deutlich an, um dann von 7 nach 12 in einem ähnlichen Umfang wieder abzufallen. Anhand der folgenden Abbildung[3] (Additionstabelle) der jeweils möglichen Augensummen bei sämtlichen möglichen Würfelkombinationen mit zwei verschiedenen Würfeln lässt sich dies kombinatorisch begründen:

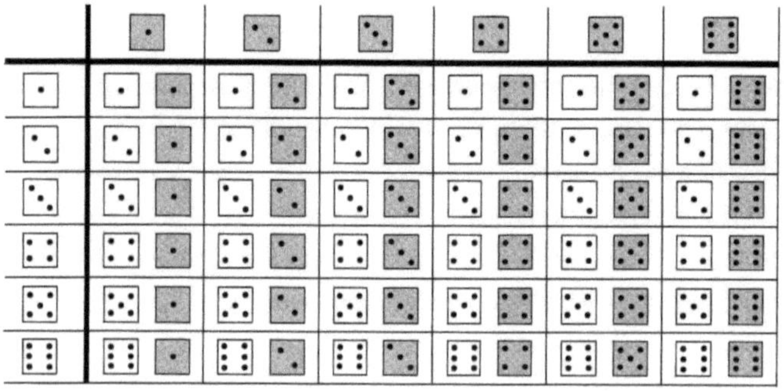

Abbildung: Würfelkombinationen beim Werfen mit zwei unterschiedlich gefärbten Würfeln

---

[2] Grundschule Mathematik 2006 (9): Glossar S.43
[3] Radatz/Schipper (2007): Handbuch für den Mathematikunterricht an Grundschulen S.176

Insgesamt gibt es 6*6, also 36 verschiedene Würfelkombinationen, die beim Würfeln mit zwei unterschiedlich gefärbten Würfeln auftreten können. Die Augenzahlen jedes einzelnen der beiden Würfel sind gleich verteilt, ebenso die Paare der Würfelergebnisse. Aber die Augensummen rühren von unterschiedlich vielen Paaren der Würfelergebnisse her: Die Paare für die Augensummen 2 bzw. 12 kommen beispielsweise jeweils nur einmal vor, wenn nämlich beide Würfel eine Eins bzw. eine Sechs zeigen. Somit ist die Wahrscheinlichkeit für das Eintreten des Ausfalles 2 im Ergebnisraum 2 bis 12 also 1/36. Die Würfelsumme 3 kommt dagegen bereits zweimal vor, nämlich wenn der erste Würfel eine Eins und der zweite eine Zwei aufweist sowie im umgekehrten Fall. Die Würfelsumme 7 kommt am häufigsten vor, nämlich bei insgesamt sechs verschiedenen Paaren bzw. Kombinationen (1+6, 2+5, 3+4, 4+3, 5+2, 6+1). Somit tritt die Würfelsumme 7 beim Werfen von zwei verschieden farbigen Würfeln mit der Wahrscheinlichkeit 6/36 = 1/6 auf. [4]

Führt man Zufallsexperimente sehr oft durch, dann kann man mit der Wahrscheinlichkeit der Ausfälle rechnen. Ein sicheres Ereignis hat die Wahrscheinlichkeit 1 (zum Beispiel beim Werfen von zwei Würfeln eine Augensumme 2 bis 12 zu bekommen), ein unmögliches Ereignis hat die Wahrscheinlichkeit 0 (zum Beispiel beim Werfen von zwei Würfeln die Augensumme 1 zu bekommen). [5] Eine Wahrscheinlichkeit zwischen 0 und 1 bedeutet, das Ergebnis ist möglich, aber nicht sicher.

„Experimente zur Wahrscheinlichkeit dienen nicht einem mathematischen Selbstzweck, sie dienen vielmehr dem Ziel des Umweltverständnisses auch schon von Grundschulkindern, des realistischeren Einschätzenkönnens von Vorgängen oder Ereignissen als nur über Glück oder Zufall." [6]

Man unterscheidet verschiedene Zugangsmöglichkeiten zum Wahrscheinlichkeitsbegriff:
- subjektive Wahrscheinlichkeiten
- objektive (frequentistische) Wahrscheinlichkeiten
- Laplace-Wahrscheinlichkeiten

Eine subjektive Einschätzung von Wahrscheinlichkeiten, die in der Regel auf Erfahrung oder Intuition beruht, kann manchmal hilfreich, manchmal aber auch hinderlich sein (Fehlvorstellungen). Für eine kritische Beleuchtung eigener Vorstellungen zur Wahrscheinlichkeit und gegebenenfalls für eine Revidierung von Fehlvorstellungen kann der Blick auf die objektive Wahrscheinlichkeit sinnvoll sein: Das 100-malige Werfen eines Würfels kann anregen, subjektive Erfahrungen wie z.B. „die Augenzahl 6 kommt weniger oft vor" zu revidieren.

---

[4] Vgl. Zahlenbuch Lehrerband S.40f
[5] Vgl. Heckmann/Padberg (2008): Unterrichtsentwürfe Mathematik Primarstufe S.220ff.
[6] Vgl. Radatz/Schipper (2007): Handbuch für den Mathematikunterricht, 3. Schuljahr S.118f

Objektive Wahrscheinlichkeiten können über das Zählen (Strichlisten) ermittelt werden. Die Darstellung von Häufigkeiten in Tabellen oder Diagrammen liefert eine Verbindung mit dem Bereich „Daten", der durch die Bildungsstandards erheblich an Bedeutung gewonnen hat. Aussagen zur Wahrscheinlichkeit können bei diesem Zugang aus den Experimentierergebnissen abgeleitet und im Nachhinein analysiert werden: „Offensichtlich ist es wahrscheinlicher, beim Werfen mit zwei Würfeln die Augensumme 7 zu erhalten als die Augensumme 3. Warum ist das so?" Eine Analyse der Würfelergebnisse dieser Art führt zur Erkenntnis, dass manche Ergebnisse aufgrund verschiedener Ereignisse entstehen können und deshalb häufiger auftreten als Ergebnisse, die nur aufgrund eines Ereignisses entstehen. Für die in weiterführenden Schuljahren anstehende Berechnung von Wahrscheinlichkeiten (Anzahl der günstigen Ereignisse / Anzahl der möglichen Ereignisse) wird so bereits ein Grundstein gelegt.

Sind bei einem Experiment alle Ereignisse gleich wahrscheinlich (z.B. das Werfen einer Münze, das Werfen eines Würfels), so spricht man von Laplace-Wahrscheinlichkeiten. Beim Werfen mit 2 Würfeln handelt es sich also nicht um ein Laplace-Experiment.[7]

## 2.2. Didaktische Überlegungen

Die Wahrscheinlichkeitsrechnung schon in der Grundschule zu behandeln, ist längst verbreitet. Verbindlichkeit erhält dieses Thema durch die von der Kultusministerkonferenz herausgegebenen Bildungsstandards für das Fach Mathematik, die den Umgang mit Daten, Häufigkeit und Wahrscheinlichkeit – bisher allerdings erst für die Jahrgangsstufe 4 – festlegen. Auch in den seit 2009 für alle Grundschulen in Baden-Württemberg verbindlichen VERA Diagnosearbeiten in Klasse 3 bildet der Bereich „Daten, Häufigkeit und Wahrscheinlichkeit) einen der fünf Testbereiche.

Es ist durchaus wichtig, den Kindern frühzeitig, auch schon zu Beginn der Grundschulzeit, Erfahrungen im Umgang mit zufälligen Ereignissen und Wahrscheinlichkeiten zu ermöglichen, dazu gezielte Lernanlässe zu schaffen und zu nutzen, denn:

- Fragen aus dem Bereich „Daten, Häufigkeit und Wahrscheinlichkeit" sind für Kinder jeder Klassenstufe interessant.
- Zufall und Wahrscheinlichkeit begegnen Kindern alltäglich (Bezug zur Lebenswirklichkeit der Kinder). Sie machen bereits lange vor dem Schuleintritt Erfahrungen mit Wahrscheinlichkeiten, etwa wenn sie Spiele spielen, die auf dem Zufallsprinzip basieren (z.B. Mensch ärgere dich nicht). Auch wenn die 6 schon

---

[7] Vgl. Zahlenzauber (2009) Lehrerband S.26f

dreimal gewürfelt wurde, ist die Wahrscheinlichkeit für eine 6 beim nächsten Wurf nicht geringer als vorher. Solche Erfahrungen ermöglichen es den Kindern, sich zu Wahrscheinlichkeiten und Zufall ihre eigenen Theorien und Intuitionen aufzubauen – etwa: Bekommt man beim Würfeln eine Eins genauso häufig wie eine Sechs? Solche Erfahrungen sollten im Unterricht gezielt aufgegriffen werden, um Grundvorstellungen von Wahrscheinlichkeit frühzeitig aufzubauen und mögliche Fehlvorstellungen (zum Beispiel „die 6 ist schwieriger zu würfeln, weil sie höher ist") abzubauen.

- Der spielerisch-experimentelle Zugang eignet sich in erster Linie für die Grundschule. Spielerische Aktivitäten sind hervorragende Anlässe, mit zufälligen Ereignissen umzugehen, denn viele Spiele verdeutlichen den Zufalls- und Wahrscheinlichkeitsbegriff. Die Kinder erfahren beispielsweise, dass es neben den unmöglichen und sicheren Ereignissen auch solche gibt, die möglich, aber durchaus nicht sicher sind. Im Spiel erleben Kinder auch, dass bestimmte Ereignisse weniger häufig eintreten als andere. Spiele wirken motivierend auf Kinder, sodass das Lernen aufgrund der intrinsischen Motivation erfolgt. Ohne systematische spielerische Erfahrungen würden wichtige Elemente für das Erlernen des Wahrscheinlichkeitsbegriffs verloren gehen.

Die Thematik der heutigen Unterrichtsstunde bietet entsprechend dem Lehrplan umfangreichen Erfahrungsraum und Experimentiercharakter („entdeckendes Lernen") und baut sich um den allen Schülern aus verschiedenen Spielen bekannten Zufallsgenerator „Würfel" auf. Dadurch birgt das Thema einen hohen Aufforderungscharakter und einen engen Umweltbezug.

Für diese kurze Einheit benötigen die Kinder jedoch keinerlei Vorerfahrungen im Bereich der Wahrscheinlichkeitsrechnung. Doch sollten sie daran gewöhnt sein, sich auf eine Sache einzulassen und Lösungswege selbst zu entdecken.

Den motivierenden Einstieg bildet ein Würfelspiel, das eine ausführliche Phase des konkreten Handelns ermöglicht. Wichtig ist, dass die Kinder die Handlungen, das Würfeln, selbst ausführen und nicht nur gezeigt bekommen.

Im Spiel erfahren die Kinder, dass der Ausgang nicht allein von „Glück" und „Pech" abhängt, sondern dass bestimmte Ereignisse weniger häufig eintreten als andere. Daraus erwächst die Frage, ob das Zufall ist oder ob es dafür eine Erklärung gibt. Die Suche nach der Antwort veranlasst die Kinder, das Spiel näher zu betrachten und zu analysieren. Solche mathematischen Sprechanlässe dienen im Rahmen von Anwendungs- und Übungssituationen dem Aufbau und Verständnis mathematischer Beziehungen.

Gleichzeitig bauen die gewählten spielerischen und handlungsorientierten Arbeitsformen eine positive Einstellung zur Mathematik auf und fordern die Kinder heraus, sich intensiv auf Sachinhalte einzulassen und Lösungswege selbst zu entdecken.

Durch Partner- und Gruppenarbeit fassen die Kinder ihre Gedanken in Worte, lernen, eigene Ideen und Strategien zu verbalisieren, und entwickeln somit ein argumentatives und reflektiertes Lösungsverhalten.

Die Thematik gewährleistet auf Grund der inneren Differenzierung, dass alle Schüler zum Unterrichtsverlauf beitragen können. Schwächere Schüler werden die unterschiedlichen Häufigkeiten der Augensummen vermutlich nicht begründen können bzw. können auf ihrem Niveau Begründungen für einen komplexen Sachverhalt entwickeln. Zudem können sie sich in der Arbeitsphase gleichwertig an dem Experiment beteiligen – würfeln und die Augensummen durch Anlegen einer Strichliste erfassen – und in der Reflexionsphase („Rechenkonferenz") die Ergebnisse beschreiben (Vergleich der ermittelten Häufigkeiten der einzelnen Augensummen).

Gerade für rechenschwache Kinder bieten sich die Würfelbilder auch als bevorzugte Veranschaulichungsmaterialien an, da sie als Zahl-Mengen-Bild relativ gut wahrnehmbar sind und sich die für die heutige Stunde wichtige Zahlzerlegung an ihnen ohne Zählen gut aufzeigen lässt.

Des Weiteren wir mit diesem Unterrichtsgegenstand den Schwerpunkten im neuen Lehrplan Rechnung getragen.

## 2.3. Einordnung in den Bildungsplan

Im Bildungsplan zum Mathematikunterricht in der Grundschule des Landes Baden-Württemberg wird die Förderung stochastischen Verstehens unter der Leitidee „Daten und Sachsituationen" behandelt. Es fällt auf, dass der Lehrplan an keiner Stelle den Begriff „Wahrscheinlichkeitsrechnung" verwendet und die Lerninhalte vorwiegend im Bereich der beschreibenden Statistik liegen: Die Schüler können

-   aus Beobachtungen, aus einfachen Experimenten oder aus einfachen Texten Daten sammeln, erheben und darstellen;
-   Daten aus vereinfachten Darstellungen entnehmen und daraus Informationen und Schlüsse ziehen.[8]

Erst die KMK-Bildungsstandards für den Mathematikunterricht der Grundschule weisen neben den gewohnten Inhaltsbereichen „Zahlen und Operationen", „Raum und Form", „Muster und Strukturen" sowie „Größen und Messen" für den Primarbereich (Jahrgangsstufe

---

[8]  Vgl. Bildungsplan für die Grundschule S. 59

4) den neuen Inhaltsbereich „Daten, Häufigkeit und Wahrscheinlichkeit" aus. Der entsprechende Abschnitt 3.5 der Bildungsstandards, der im unten stehenden Kasten abgedruckt ist, weist zwei Schwerpunkte auf: „Daten erfassen und darstellen" sowie „Wahrscheinlichkeit von Ereignissen in Zufallsexperimenten vergleichen".

---

3.5 Daten, Häufigkeit und Wahrscheinlichkeit

Daten erfassen und darstellen

- in Beobachtungen, Untersuchungen und einfachen Experimenten Daten sammeln, strukturieren und in Tabellen, Schaubildern und Diagrammen darstellen
- aus Tabellen, Schaubildern und Diagrammen Informationen entnehmen

Wahrscheinlichkeit von Ereignissen in Zufallsexperimenten vergleichen

- Grundbegriffe kennen (z.b. sicher, unmöglich, wahrscheinlich)
- Gewinnchancen bei einfachen Zufallsexperimenten (z.b. Würfelspielen) einschätzen

---

Aus: Bildungsstandards im Fach Mathematik für den Primarbereich (Jahrgangsstufe 4). S.11

Neben dem Inhaltsbereich „Daten und Sachsituationen" greift die heutige Unterrichtsstunde auch die Leitidee „Zahl" auf, da die Schüler sich konkret mit den möglichen Zahlzerlegungen der Zahlen von 2 bis 12 auseinandersetzen müssen. Zudem wird das schnelle Kopfrechnen im ZR bis 20 durch das Addieren der Augenzahlen geübt und gefestigt.

Der Umgang mit stochastischen Problemstellungen fördert gleichzeitig die Weiterentwicklung der allgemeinen mathematischen Kompetenzen:

- Die Fähigkeit des Problemlösens wird herausgefordert, da mathematische Kenntnisse und Fähigkeiten angewendet und Lösungsstrategien entwickelt und genutzt werden müssen.
- Durch die kontinuierliche Auseinandersetzung mit den Mitschülern stellt das Kommunizieren einen wichtigen Bestandteil dar. Dabei steht nicht nur der Austausch der jeweiligen Denk- und Lösungswege im Vordergrund, sondern auch das Bewusstwerden über die eigenen Gedankengänge. Erst wenn man sich diese und den zugehörigen Sachverhalt verdeutlicht hat, ist der Schüler auch dazu in der Lage, sie seinem Gegenüber zu erläutern.
- Auch Fähigkeiten des Argumentierens sind gefordert und werden gefördert, indem mathematische Zusammenhänge erkannt und Vermutungen entwickelt, Begründungen gesucht und nachvollzogen werden.
- Durch das Anfertigen und Auswerten von Strichlisten erhält schließlich das Darstellen einen wesentlichen Stellenwert im Lernprozess.

## 2.4. Einordnung in die Unterrichtseinheit

Diese kurze Unterrichtseinheit umfasst voraussichtlich drei Unterrichtsstunden.
In der vorangegangen Stunde haben die Schüler – wie bereits unter „1.3 Lern- und Leistungssituation der Klasse" erwähnt – durch Würfeltätigkeiten mit einem Würfel erste Erfahrungen mit der Untersuchung von Wahrscheinlichkeiten gemacht und dabei das Anfertigen und Auswerten von Strichlisten kennen gelernt. Bei diesem Zufallsexperiment konnten die Schüler feststellen, dass beim Werfen mit einem „fairen" Würfel eine Gleichverteilung der Wahrscheinlichkeiten vorliegt und somit jede Augenzahl bei jedem Wurf die gleiche Chance hat, geworfen zu werden.
Die heutige Unterrichtsstunde greift einige Inhalte der vorherigen Stunde auf – so die Begriffe zur Verständigung über die Wahrscheinlichkeitsrechnung (vgl. hierzu 1.3) sowie das Erstellen einer Strichliste durch enaktives Handeln und deren Auswertung. Ziel der Unterrichtsstunde ist es, den Schülern die Häufigkeitsverteilung der Augensummen zweier Würfel nicht nur als reines Faktenwissen, sondern als Anwendungswissen zu vermitteln.
In der nächsten Unterrichtsstunde werden die gemachten Erfahrungen und das erarbeitete Wissen der Schüler zur Wahrscheinlichkeit mit Würfeln verknüpft und die gewonnenen Erkenntnisse in verschiedenen Transferübungen umgesetzt und vertieft werden. Für leistungsstarke Schüler besteht etwa die Möglichkeit, ihre neuen Kenntnisse auf das Würfeln mit drei Würfeln anzuwenden.

## 3. Intentionen des Unterrichts

Stundenziel: Die Schüler erkennen in handlungsorientierter Weise, dass manche Augensummen beim Würfeln mit zwei Würfeln häufiger als andere auftreten, dass also die Wahrscheinlichkeit der verschiedenen Augensummen unterschiedlich ist.

Ziel bei diesem Zufallsexperiment ist in jedem Fall das Einschätzen und miteinander Vergleichen von Wahrscheinlichkeiten und nicht das Berechnen von Wahrscheinlichkeiten.

Weitere Stundenziele: Die Schüler
- machen in einer konkreten Spielsituation die Erfahrung, dass die Würfelergebnisse auffällig ungleichmäßig ausfallen und werden dazu angeregt, nach den Ursachen für dieses „Phänomen" zu forschen
- stellen Vermutungen an, welche Augensumme am häufigsten, welche am seltensten auftritt.
- führen eigenständig ein einfaches Zufallsexperiment mit zwei Würfeln durch.

- bestimmen in Partnerarbeit die Häufigkeit der Augensummen durch wiederholtes Würfeln und mit Hilfe einer Strichliste.
- bestimmen experimentell die häufigste und seltenste Augensumme beim Würfeln mit zwei Würfeln.
- entwickeln altersangemessene Erklärungsansätze für die Häufigkeitsverteilung.
- präsentieren und vergleichen ihre Lösungsansätze.
- finden in Gruppenarbeit durch Handeln am konkreten Material möglichst viele Augenkombinationen zweier verschieden farbiger Würfel und stellen diese übersichtlich dar.
- gelangen zu der Erkenntnis, dass nicht allein der bloße Zufall das Würfelspiel mit zwei Würfeln bestimmt, sondern dass es einen nachvollziehbaren Grund dafür gibt, warum einige Augensummen häufiger auftreten als andere.

Langfristiges Ziel: Die Kinder befähigen und daran gewöhnen, Ereignisse zu beobachten, zu analysieren, in geeigneter Form darzustellen, auszuwerten, zu erklären und zu beurteilen.

## 4. Überlegungen zum Lehr-Lernprozess – Methodische Überlegungen

Schon vor Beginn der Unterrichtsstunde bereitet die Lehrperson den für den Einstieg vorgesehenen Stuhlkreis vor und bringt die im Verlauf der Unterrichtsstunde benötigte Zahlenleiste an der Tafel an. Damit diese von den Kindern zunächst unbemerkt bleibt, wird die Tafel, bevor die Schüler aus der Pause kommen, zugeklappt.

<u>Einstiegs- und Hinführungsphase</u>

Sobald die Schüler aus der großen Pause in das Klassenzimmer kommen, nimmt die Lehrperson die Schüler in Empfang und weist sie darauf hin, sich gleich auf die Stühle in den Stuhlkreis setzen. So kann die Stunde mit dem Klingeln sofort beginnen, ohne dass unnötige Zeit für das Bilden des Stuhlkreises verloren geht.
Die Stunde beginnt mit einem stummen Impuls. Dazu präsentiert die Lehrperson den Schülern zwei Stoffwürfel, die sie in die Kreismitte legt. Zur Wiederholung und Sicherung der neu gewonnenen Erkenntnisse der letzten Stunde wird die Lehrperson gleich zu Beginn noch einmal das Ergebnis der letzten Stunde aufgreifen, nämlich, dass beim Würfeln mit einem Würfel alle Augenzahlen gleich wahrscheinlich sind, somit keine Zahl häufiger fällt, alle Zahlen also dieselbe Chance haben, gewürfelt zu werden.

Dadurch unterbindet die Lehrperson von vornherein Schüleräußerungen, die sich eventuell auf Tätigkeiten oder Inhalte der letzten Stunde beziehen und somit von der heutigen Unterrichtsstunde zu weit weg führen würden.

Als weiteren Impuls legt die Lehrkraft nun die ebenfalls in der letzten Stunde eingeführten und ausführlich besprochenen Wortkarten mit den Begriffen „sicheres Ereignis", „mögliches Ereignis", „unmögliches Ereignis" und „Zufall" sowie die zwei neuen Karten „unmögliches Ereignis" und „mögliches Ereignis" in die Mitte. Die Schüler sollen bzw. werden von sich aus versuchen, diese Begriffe auf das Würfeln mit zwei Würfeln anzuwenden. Die Lehrperson stützt diese Versuche noch durch Beispiele, etwa „Es ist möglich, dass ich zweimal die 3 würfle. Es ist sicher, dass ich nicht 1 erhalte,…".

Aus diesem Gespräch leitet die Lehrperson nun zu einer motivierenden Spielsituation über, indem sie den Kindern eröffnet, dass sie heute ein Glücksspiel gegen die Klasse 2a spielen wird. Einen Anreiz erhält das Spiel zudem dadurch, dass die Kinder sich bei einem Gewinn etwas wünschen dürfen. Zunächst präsentiert die Lehrkraft den Schülern nun die von ihr festgelegten, auf einem Plakat abgedruckten, Regeln. Dieses hält die Lehrkraft vor sich hoch und ein Schüler liest die Regeln laut vor. Im Anschluss werden unklare Begriffe (Augensumme) und der Zahlenraum (Welche Augensummen sind überhaupt möglich?) abgeklärt. So sollten die Schüler auf dem Plakat merken, dass die Augensumme 1 mit zwei Würfeln gar nicht gewürfelt werden kann. Auch Vermutungen vonseiten der Schüler dürfen und sollen in dieser Gesprächsphase geäußert werden: Wer gewinnt? Welche Augensumme fällt am häufigsten oder fallen alle gleich häufig (Bezug zum Würfeln mit einem Würfel)? Bei der Vorstellung der Regeln werden einige (leistungsstärkere) Schüler vielleicht vermuten, dass ein Gewinn ihrerseits bei diesen Regeln keine reine Glückssache ist, doch die Mehrzahl wird die Regeln vermutlich als für sie vorteilhaft einschätzen, da sie ja viel mehr Zahlen zum gewinnen haben als die Lehrperson.

In jedem Fall werden alle Schüler Hypothesen zum Spielausgang aufstellen und diese in der nun anschließenden Erarbeitungsphase überprüfen können.

Noch im Stuhlkreis erklärt die Lehrperson den Schülern den Ablauf dieser nächsten Phase. Alternativ hätte die Lehrperson die Schüler auch zuerst an ihre Plätze zurückschicken können und ihnen dann den weiteren Ablauf erläutern können, doch durch das Zurücksetzen wäre Unruhe aufgekommen und die Lehrperson hätte vermutlich viel länger warten müssen, bis die Schüler wieder konzentriert zuhören können. Deshalb erfahren die Kinder noch im Stuhlkreis, dass die Lehrperson, wenn alle wieder an ihren Plätzen sitzen, immer zwei Schülern zusammen zwei verschieden farbige Würfel und ein Arbeitsblatt austeilen wird. Da das Arbeitsblatt ähnlich wie das der letzten Stunde aufgebaut ist, bedarf dieses nur einer sehr kurzen Erläuterung.

Nun wird der Sitzkreis aufgelöst und die Lehrperson kann in dieser Phase bereits Würfel und Arbeitsblätter austeilen, so dass die Schüler ohne weitere Anweisungen, wenn sie Platz genommen haben, direkt mit der Erarbeitung in Partnerarbeit beginnen können.

Erarbeitungsphase

Mit der Aufgabe, in Partnerarbeit mit zwei Würfeln so oft wie möglich zu würfeln und dabei die Augensummen zu notieren bzw. in einer Tabelle mithilfe von Strichlisten festzuhalten, und mit dem Ziel, bei diesem Würfelspiel gegen die Lehrperson zu gewinnen, starten die Schüler motiviert in die Erarbeitungsphase. In dieser Phase steht klar das eigene Handeln der Schüler im Mittelpunkt. Auf dem Arbeitsblatt notieren die Paare zunächst ihre Vermutung, welche Augensumme wohl am häufigsten, welche am seltensten fällt, dann würfeln sie abwechselnd und notieren jeweils ihre Ergebnisse. Durch die enge Zeitvorgabe wird hier gleichzeitig das schnelle Kopfrechnen im Zahlenraum bis 20 geübt und gesichert. Dabei sollten stets beide Schüler der Kontrolle halber die Augensumme ihres Wurfs berechnen, um die Ergebnisse nicht zu verfälschen.

Nach etwa 5min beendet die Lehrkraft durch ein akustisches Signal (Xylophon) die Würfelphase, die Schüler legen ihre Würfel beiseite und werten ihre Strichliste aus, indem sie bei jeder Augensumme die Anzahl der Striche addieren. Um möglichst aussagekräftige Ergebnisse zu erhalten, gehen nun jeweils die beiden Paare eines Gruppentisches zusammen, addieren ihre Ergebnisse und notieren diese in der von der Lehrkraft zuvor auf den Gruppentischen ausgelegten Tabelle in DinA3-Format. Durch den Vergleich mit den Ergebnissen der anderen Kinder wird die Erfahrung gemacht, dass zahlreiche Wiederholungen notwendig sind, um Aussagen über die Verteilung machen zu können. Der Blick wird zunehmend auf die Gesamtheit der Ereignisse gerichtet, der Ausgang des Einzelereignisses gerät in den Hintergrund.

Weiter hätte die Lehrperson nun zusätzlich noch die Ergebnisse der Schüler an der Tafel zu einem Gesamtergebnis zusammenrechnen können. Dies ist zwar einerseits recht zeitaufwendig, andererseits sehr hilfreich, da so die Gesamtwürfelergebnisse für alle Schüler sichtbar an der Tafel über der Zahlenleiste stehen würden, wodurch ein Überblick über die jeweilige Häufigkeit der einzelnen Würfelsummen ermöglicht wird und dadurch wiederum Entdeckungen viel einfacher gemacht werden können. Aus Zeitgründen wird die Lehrpeson diese Möglichkeit in der heutigen Unterrichtsstunde aber nicht in Anspruch nehmen.

Die Schüler sollen nun in ihren Gruppen anhand der Tabelle besprechen bzw. berechnen, ob die Lehrerin oder die Klasse 2a dieses Würfelspiel gewonnen hat, welche Zahlen am häufigsten bzw. am seltensten gewürfelt wurden und Vermutungen äußern, warum manche Zahlen häufiger als andere auftreten.

Die Kinder werden sicher feststellen, dass die Lehrkraft stets gewinnt, da Zahlen 6,7 und 8 verhältnismäßig häufig fallen, die Zahlen 2 und 12 dagegen sehr selten. Diese Feststellungen sind nun Anknüpfungspunkte für genauere Untersuchungen. Die Beobachtung der unterschiedlichen Verteilung führt zur Frage nach dem „Warum?". Ziel ist es, dass die Schüler alle Zerlegungsmöglichkeiten der Würfelsummen finden.

An dieser Stelle wird die Lehrperson die Schüler zu einer kurzen Konferenz aufrufen, um eine Hilfe für die Ursachenfindung der unterschiedlichen Häufigkeiten der Würfelsummen zu geben: „Welche Zahlen sind in euren Gruppen am seltensten gefallen? Warum kommen die 2 und die 12 denn so selten vor?" Können selbst die leistungsstarken Schüler keine Antwort geben, wird die Lehrperson noch die Frage nach den Möglichkeiten, eine 2 bzw. eine 12 zu würfeln, nachschieben. An dieser Stelle wird der Blick der Kinder auf die Zusammensetzung der Augensummen gelenkt. Auf diese Frage wird der Großteil der Schüler die Antwort kennen, da die kleinst- und die größtmögliche Augensumme ja bereits im Stuhlkreis zu Beginn der Stunde besprochen wurde. Auch die leistungsschwächeren Schüler finden hier möglicherweise eine Antwort, da sie konkret mit den Spielwürfeln vor sich ausprobieren können. Bei der richtigen Schülerantwort öffnet die Lehrperson nun die Tafel und heftet die Zahlzerlegungen der Augensummen 2 und 12 mithilfe magnetischer Würfelseiten an die Tafel.

Daraufhin werden vermutlich viele Schülermeldungen und die Nennung weiterer Zahlzerlegungen folgen. Bleiben solche Äußerungen aus, wird die Lehrkraft nun nach den in den Gruppen am häufigsten gewürfelten Zahlen fragen sowie nach einer Vermutung bzw. Begründung dafür und darauf verweisen, dass es dies in einer weiteren Gruppenarbeitsphase nun zu untersuchen gilt. Dazu teilt die Lehrkraft jedem Gruppentisch einen Briefumschlag aus, in dem sich ein oder zwei Zahlen/Augensummen und dazu passende magnetische Würfelseiten befinden. Die Schüler sollen in ihren Gruppen nun herausfinden, welche Möglichkeiten es jeweils gibt, ihre Zahl(en) mit zwei verschiedenfarbigen Würfeln zu würfeln. Dazu legen die Gruppen die möglichen Zahlzerlegungen mithilfe der magnetischen Würfelseiten auf ihren Tischen aus. Die Lehrperson gibt den Gruppen dabei Hilfestellungen, bei schnellen Gruppen überprüft sie die Richtigkeit, so dass diese bereits an die Tafel vorkommen können und ihre Würfelseiten anheften. Anschließend gehen die Schüler wieder an ihre Plätze zurück und warten, bis alle Gruppen ihre Zahlzerlegungen an der Tafel angebracht haben. Nach und nach ergibt sich so eine tabellarische Übersicht über die verschiedenen Kombinationsmöglichkeiten für die einzelnen Augensummen zweier verschiedenfarbiger Würfel. Besonders schnelle Gruppen bekommen von der Lehrperson eine Zusatzaufgabe im Sinne einer Kontrollaufgabe, die etwa folgendermaßen lauten kann: „Schaut genau hin, ob die anderen Gruppen ihre Zahlzerlegungen richtig an der Tafel anbringen und überlegt schon einmal, warum manche

Zahlen nun besonders häufig und andere sehr selten gewürfelt wurden. Findet dafür eine Erklärung." Eine alternative Zusatzaufgabe, die der Lehrperson zur Verfügung steht, ist ein Arbeitsblatt, auf dem das fertige Tafelbild – allerdings mit Lücken – zu sehen ist. Die Schüler sollen die fehlenden Möglichkeiten ergänzen.

Das fertige Tafelbild bzw. Häufigkeitsdiagramm soll nun betrachtet und von den Schülern beschrieben werden – beispielsweise: „Es ist zu erkennen, dass die Augensumme 7 auf sechs verschiedene Weisen zustande kommen kann, die Augensumme 2 dagegen erhält man nur, wenn beide Würfel 1 zeigen." Bei Nennung vonseiten der Schüler notiert die Lehrperson noch die jeweilige Anzahl der Möglichkeiten über den einzelnen Säulen.

Es ist zu vermuten, dass die Erkenntnisse und Erklärungsversuche der Kinder sehr verschieden sind sowohl in der Art als auch der Qualität der Erklärungen. Es ist nicht Ziel, dass jedes Kind die gesamte Lösung selbst entdeckt und detailliert begründen kann. So können leistungsschwächere Schüler beispielsweise mithilfe der Feststellung argumentieren, dass mittlere Augenzahlen häufiger auftreten als zu hohe und zu niedrige, leistungsstärkere Kinder aber anhand der Zerlegungsmöglichkeiten der einzelnen Würfelsummen.

Besonders für leistungsschwächere Schüler ist es deshalb wichtig, möglichst lange auf der enaktiven Ebene zu arbeiten: sie müssen in erster Linie würfeln, um Erfahrungen mit dem Zufallsgenerator zu gewinnen, auf denen sie dann aufbauen können.

Letztlich geht es darum, jedem Kind auf seinem Niveau die eigenständige Auseinandersetzung mit einem spannenden mathematischen Sachverhalt zu ermöglichen. Durch den intensiven Austausch mit den Mitschülern können Lösungswege neu entdeckt, weiterentwickelt oder eventuell auch lediglich nachvollzogen werden. Im weiteren Verlauf können diese dann wiederum anderen Mitschülern erklärt und dadurch ein wenig tiefer durchdrungen werden.

Sicherungs- und Reflexionsphase

Die Abschlussphase zielt darauf, die neu gewonnen Erkenntnisse der heutigen Stunde noch einmal aufzugreifen, zu sichern und zu vertiefen.

Zur Wiederholung und Sicherung stellt die Lehrperson evtl. die Frage, auf welche Zahl die Schüler bei häufigem Würfeln tippen würden und warum.

Zu Transferzwecken stellt die Lehrkraft weiter die Frage, ob die Schüler, wenn sie sich das Diagramm anschauen, die Spielregeln vom Beginn der Stunde als fair ansehen bzw. warum denn nicht. Verbleibt noch Zeit, so wird die Lehrperson die Schüler dazu anregen, eine Regel zu finden, die für alle – für die Lehrerin und die Schüler – fair ist. Einige Schüler dürfen ihre Regeln schließlich noch darstellen, alle werden aber mit der Aufgabe, sich zuhause eine faire Regel zu überlegen, in die Pause verabschiedet.

## 5. Verlaufsplanung des Unterrichts

| ZEIT/PHASE | STUNDENVERLAUF / METHODEN | HINWEISE / ERLÄUTERUNGEN | SOZIALFORM / MATERIALIEN |
|---|---|---|---|
| 9.55 Hinführung 10 min | - Stuhlkreis (schon zu Beginn aufgestellt)<br>- Einstieg/Impuls: L präsentiert zwei Stoffwürfel<br>- Schüleräußerungen abwarten<br>- kurze Wdhl.: bei einem Würfel alle Augenzahlen gleich wahrscheinlich<br>→ Impulskarten in Mitte legen, auf 2 Würfel übertragen<br><br>- L: „heute spielen wir gegeneinander, d.h. ich gegen euch"<br>- L holt Plakat hervor, Regeln lesen lassen und klären<br>→ Begriff Augensumme klären (an Würfel zeigen lassen)<br>- Schüleräußerungen abwarten, Vermutung: wer gewinnt?<br>- L erklärt nächste Phase (in Partnerarbeit würfeln, Strichliste machen, dann in Gruppe sammeln) | Zahlenleiste wird zu Beginn der Stunde verdeckt an Tafel angebracht<br><br>→ d.h. keine Zahl fällt häufiger, alle Zahlen haben beim Würfeln dieselbe Chance gewürfelt zu werden<br><br>→ welche Augensummen mögl.? ZR klären<br>→ fällt Schülern auf, dass die 1 gar nicht gewürfelt werden kann? | Stuhlkreis zwei Stoffwürfel<br><br>Impulskarten<br><br>Regelplakat |
| 10.05 Erarbeitung I 10 min | - Sitzkreis auflösen<br>- L teilt AB aus und zwei Würfel pro Paar<br>- jedes Paar würfelt in vorgegebener Zeit (5min) so oft wie möglich und notiert die Ergebnisse in Form einer Strichliste<br>- während Würfelphase legt L je eine gr. Tabelle auf Gruppentische<br>- nach Ablauf der Zeit Würfel zur Seite legen<br>- je zwei Paare addieren ihre Ergebnisse in gr. Tabelle<br>- Schüler sollen nun in Gruppen leise besprechen: wer gewinnt? welche Zahlen am häufigsten/seltensten gewürfelt? warum? | → auf AB zunächst Vermutung – welche Zahl fällt am häufigsten, welche am seltensten?<br><br>→ akustisches Signal – Xylophon | je zwei Würfel, AB Partnerarbeit<br><br>Gruppenarbeit/gr. Tabelle |
| 10.15 Erarbeitung II 20 min | - kurze Konferenz: am seltensten gewürfelte Zahl(en)? Warum 2 und 12? Kommen S nicht selbst darauf – Tipp: welche Mögl. gibt es denn, eine 2 bzw. eine 12 zu würfeln?<br>- nach Schülerantwort öffnet L die Tafel und heftet Zahlzerlegung der 2 und der 12 an | → schwächere Schüler können konkret an ihren Würfeln nachschauen | Tafelbild, Magnetische Würfelseiten |

18

| | | |
|---|---|---|
| | - am häufigsten gewürfelte Zahl(en)? Könnt ihr euch vorstellen, warum?<br>- L: „das sollt ihr jetzt untersuchen – dazu bekommt jeder Gruppentisch von mir einen Briefumschlag – darin findet ihr ein oder zwei Zahlen/Augensummen und solche Würfelseiten. Überlegt in der Gruppe, welche Mögl. es gibt, diese Zahl(en) mit zwei Würfen zu würfeln"<br><br>- L teilt pro Gruppentisch einen Briefumschlag aus<br>- fertige Gruppen zeigen L ihr Ergebnis und dürfen dann bereits an Tafel u. Würfelseiten anheften, dann wieder an Platz setzen<br>- fertiges Tafelbild / Diagramm von Platz aus betrachten<br>- S beschreiben dieses<br>- L notiert jeweilige Anzahl der Möglichkeiten über Säulen | Briefumschlag mit Aufgabe u. Würfelseiten<br><br>Gruppenarbeit<br>Alternatives AB<br>fertiges Tafelbild<br>U-Gespräch |
| | Zusatz für schnelle Gruppen: Kontrollaufgabe oder alternatives AB<br><br>→ wichtige Erkenntnis: die 7 fällt am häufigsten, da sie am meisten Mögl. hat, gewürfelt zu werden | |
| 10.35<br>Sicherung / Transfer<br>5 min | - Sicherung: warum ist die 7 am häufigsten gefallen, die 2 und die 12 am seltensten?<br>- Transfer: wenn ihr dieses Diagramm nun anschaut, würdet ihr sagen, dass unsere Spielregeln fair sind? Warum nicht?<br>→ L hält Spielregel-Plakat ohne Vorgaben hoch: wem fällt denn eine Regel ein, die für uns alle – für euch und mich – fair wäre | Plakat Spielregeln ohne Vorgaben<br><br>→ ggf. als Überlegung „faire Regel" mit nach Hause geben |

19

# 6. Literaturverzeichnis

*Bildungsstandards im Fach Mathematik für den Primarbereich* (Jahrgangsstufe 4). Beschluss der KMK vom 15.10.2004. München, Neuwied: Wolters-Kluwer, Luchterhand.

Fast, M. (2008): Über mögliche Anordnungen nachdenken und Sprechen. *Grundschulunterricht Mathematik, 2008 (2)*, S. 8-12.

Gasteiger, H. (2009): Zufallsexperimente in Jahrgangsstufe 1. Wahrscheinlich unmöglich? *Grundschulmagazin 2009 (2)*, S. 13-16.

*Grundschule Mathematik 2006 (9)*: Wahrscheinlichkeit: Wer gewinnt? Friedrich Verlag.

Hasemann, K. / Mirwald, E. (2008): Wie sicher ist wahrscheinlich? *Grundschule 2008 (4)*, S. 24-27.

Heckmann, K. / Friedhelm, P. (2008): *Unterrichtsentwürfe Mathematik Primarstufe.* Heidelberg: Spektrum. S.220-226.

Kleimann, H. (1997): Zufall und Wahrscheinlichkeit. *Grundschule 1997 (9)*, S. 52-54.

Ministerium für Kultur, Jugend und Sport (Hrsg.) (2004): *Bildungsplan für die Grundschule.*

Kern, S. / Altendorf, E.: *Daten und Zufall in der Grundschule.* Zugriff am 25.04.2010 unter http://bildungsserver.berlin-brandenburg.de/fileadmin/bbb/schulqualitaet/modell_und_ schulversuche /SINUS-Grundschule-Berlin/materialien/rueckblick/DatenZufallGS2007.pdf

Kurz, A. / Hoffart, E. (2008): „Da hat man einen Apfel mehr Glück." *Grundschulunterricht Mathematik 2008 (2)*, S. 29-32.

Mayer, S. (2008): Wahrscheinlichkeitsrechnung – ein motivierendes Thema für die Grundschule. *Grundschulunterricht Mathematik 2008 (2)*, S. 24-28.

Oldenbourg: *Kopiervorlagen zum Thema „Wahrscheinlichkeit".* S. 5f. Zugriff am 25.04.2010 unter http://www.oldenbourg.de/osv/download/pdf/kopiervorlagen_gs_mathe_wahrscheinlichkeit.pdf

Radatz, H. / Schipper, W. (2007): *Handbuch für den Mathematikunterricht an Grundschulen.* Hannover: Schroedel, S.176f.

Radatz, H. / Schipper, W. / Dröge, R. / Ebeling, A. (2007): *Handbuch für den Mathematikunterricht. 2. Schuljahr.* Hannover: Schroedel, S.75f, 112.

Radatz, H. / Schipper, W. / Dröge, R. / Ebeling, A. (2007): *Handbuch für den Mathematikunterricht. 3. Schuljahr.* Hannover: Schroedel, S.117-119.

Rechtsteiner-Merz, Ch. (2009): Heute versuchen wir unser Glück, eine Lernumgebung zum Bereich „Wahrscheinlichkeit" in einer jahrgangsgemischten Eingangsklasse. *Grundschulmagazin 2009 (2)*, S. 21-24.

Schwarzkopf, R. (2004): Wer gewinnt? – Dem Zufall auf der Spur. *Die Grundschulzeitschrift 2004 (2)*, S. 32-36.

Senatsverwaltung für Bildung, Jugend und Sport Berlin (Hrsg.) (2005): *Mathematik Grundschule.* S. 17-19, 32. Zugriff am 25.04.2010 unter http://www-irm.mathematik.hu-berlin.de/~agricola/elemgeo_dateien/grundschule-unterrichtsentwicklung.pdf

*Wahrscheinlichkeit. Eine Handreichung aus der Reihe der RabenWerkstatt.* Leipzig, Stuttgart, Düsseldorf: Klett.

Weigl, K. (2008): Kombinatorik und Rechnen: Würfeln. In: Ulm, Volker (Hrsg.) (2008): *Gute Aufgaben Mathematik.* Berling: Cornelson, S. 100-102.

*Welt der Zahl:* Daten Häufigkeit und Wahrscheinlichkeit. Vorlagen mit Kommentaren zum Einsatz im Unterricht der Klassen 1 bis 4. Schroedel

Weustenfeld, W. (2007): Die Augensumme zweier Würfel voraussagen: Alles nur eine Frage von Glück oder Pech? *Stochastik in der Schule 2007, Band 27, Heft 3,* S.2-15

*Zahlenbuch 2* (2008) Lehrerband. Leipzig, Stuttgart, Düsseldorf: Klett, S.40f.

*Zahlenzauber 2* (2009) Lehrerband. Bayern: Oldenbourg, S. 26f, 63-66.

Staatsinstitut für Schulqualität und Bildungsforschung München (Hrsg.) (2008): *Daten, Häufigkeit und Wahrscheinlichkeit.* S.17. Zugriff am 25.04.2010 unter http://www.isb.bayern.de/isb/download.aspx?DownloadFileID=31b0f23817963fcac6a2dffbcaedd381

## Würfeln mit zwei Würfeln
## – wer gewinnt?

## SPIELREGELN

## Die Lehrerin gewinnt,
## wenn die Augensumme eine
## 6, 7, 8 oder 9 ist.

## Die Klasse 2a gewinnt,
## wenn die Augensumme eine
## 1, 2, 3, 4, 5, 10, 11 oder 12 ist.

Namen: _____          Datum: _____

# Würfeln mit zwei Würfeln

Würfelt mit beiden Würfeln so oft wie möglich.

Tipp:   Diese Zahl wird am häufigsten fallen: ☐

Diese Zahl wird am seltensten fallen: ☐

Tragt die gewürfelten Augensummen jeweils in die Tabelle ein.

| Augen-summe | 2 | 3 | 4 | 5 | 6 | 7 | 8 | 9 | 10 | 11 | 12 |
|---|---|---|---|---|---|---|---|---|---|---|---|
| Striche | | | | | | | | | | | |
| Anzahl | | | | | | | | | | | |

Welche Zahl habt ihr am häufigsten gewürfelt? ☐

Welche Zahl habt ihr am seltensten gewürfelt? ☐

Addiert nun die Würfelergebnisse an eurem Gruppentisch und schreibt die Gesamtanzahl in die große Tabelle.

Was fällt euch auf?

### 7.3. Tabelle für Gruppenarbeit

Addiert die Würfelergebnisse an eurem Gruppentisch und schreibt die Gesamtanzahl in die Tabelle.

| Augen-summe | 2 | 3 | 4 | 5 | 6 | 7 | 8 | 9 | 10 | 11 | 12 |
|---|---|---|---|---|---|---|---|---|---|---|---|
| Anzahl | | | | | | | | | | | |

Wer gewinnt nach unseren Spielregeln?

Welche Zahlen kommen am häufigsten, welche am seltensten vor?

Warum ist das so?

### 7.4. Gruppenaufträge für die Gruppen 1 bis 5

**GRUPPE ...**

Welche Möglichkeiten gibt es, mit zwei Würfeln die **Augensumme ...** zu würfeln?

Welche Möglichkeiten gibt es, mit zwei Würfeln die **Augensumme ...** zu würfeln?

Legt diese Möglichkeiten mit den blauen und roten Würfelseiten auf eurem Tisch.

## 7.5. Tafelbild

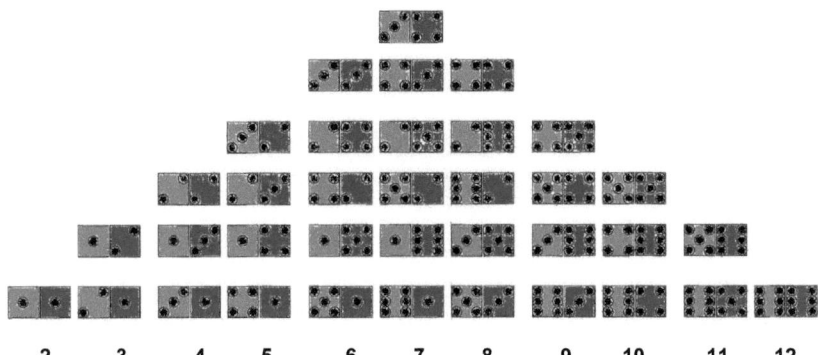

2    3    4    5    6    7    8    9    10    11    12